看得破，却忍不过

自我清理指南

南怀瑾 讲述

南怀瑾文教基金会 编

东方出版社
The Oriental Press

图书在版编目（CIP）数据

平安就是福：南怀瑾人生日课．看得破，却忍不过：自我清理指南 / 南怀瑾讲述．— 北京：东方出版社，2024.1
ISBN 978-7-5207-3433-2

Ⅰ．①平… Ⅱ．①南… Ⅲ．①南怀瑾（1918—2012）－人生哲学－通俗读物 Ⅳ．① B821-49

中国国家版本馆 CIP 数据核字 (2023) 第 177088 号

平安就是福：南怀瑾人生日课
看得破，却忍不过：自我清理指南

南怀瑾　讲述

责任编辑：刘天骥　张莉娟
责任审校：曾庆全
装帧设计：陈韵佳
出　　版：东方出版社
发　　行：人民东方出版传媒有限公司
地　　址：北京市东城区朝阳门内大街 166 号
邮　　编：100010
印　　刷：北京启航东方印刷有限公司
版　　次：2024 年 1 月第 1 版
印　　次：2024 年 1 月第 2 次印刷
开　　本：787 毫米 ×1092 毫米　1/32
印　　张：18.5
字　　数：100 千字
书　　号：ISBN 978-7-5207-3433-2
定　　价：138.00 元（全四册）
发行电话：（010）85924663　85924644　85924641

版权所有，违者必究
如有印装质量问题，我社负责调换，请拨打电话：（010）85924602　85924603

目 录

看得破，却忍不过：
自我清理指南

忍

第 1 则 进退存亡得失	01
第 2 则 天将厚其福而报之	02
第 3 则 人太清则无福	04
第 4 则 六尘缘影	06
第 5 则 要求别人完美	07
第 6 则 痴	10
第 7 则 权力欲	11
第 8 则 徒善不足以为政 徒法不能以自行	13
第 9 则 妻共贫贱难 夫共富贵难	15
第 10 则 恩里生害	16

第 11 则 名士风流大不拘	19
第 12 则 父子责善	20
第 13 则 凡有才具 多锋芒凌厉	22
第 14 则 怨天尤人	23
第 15 则 佛魔	24
第 16 则 男女之间 有纯粹友谊吗？	25
第 17 则 莫益之 或击之	27
第 18 则 听"钱"指挥	28
第 19 则 望子成龙	29

第 20 则　30
来说是非者
便是是非人

第 21 则　31
相识满天下
知心能几人

第 22 则　32
规过劝善的限度

第 23 则　34
人生三忌

第 24 则　35
克核太至

第 25 则　36
多方丧生

第 26 则　37
虎生犹可近
人熟不堪亲

第 27 则　39
忘记平生之言

第 28 则　41
奢与俭

第 29 则　44
眼高于顶
命薄如纸

第 30 则　46
喜欢快速成就

第 31 则　47
谨慎流于小气

第 32 则　48
思想之争
超过利害之争

第 33 则　50
疏不间亲

第 34 则　51
精明外露

第 35 则　53
好为人师

第 36 则　55
老好人

第 37 则　57
为者败之
执者失之

第 38 则　59
重外者拙内

第 39 则　60
面面都好
面面都糟

第 40 则　61
上愈智则下愈愚

第 41 则　62
迁怒

第 42 则　64
纸上谈兵

第 43 则　65
小不忍
则乱大谋

第 44 则 　　　　　　　　67
上有好者
下必甚焉

第 45 则 　　　　　　　　68
你被外在
所拘束吗

第 46 则 　　　　　　　　69
攀缘

第 47 则 　　　　　　　　70
轻诺则寡信

第 48 则 　　　　　　　　71
多易必多难

第 49 则 　　　　　　　　73
一流的家庭
末等的教育

第 50 则 　　　　　　　　75
人在人情在
人死就两丢开

第 51 则 　　　　　　　　77
一家温饱千家怨
半世功名百世愆

第 52 则 　　　　　　　　79
慈悲生祸害
方便出下流

第 53 则 　　　　　　　　82
重难而轻易

第 54 则 　　　　　　　　84
升米恩
斗米仇

第 55 则 　　　　　　　　85
皇帝爱长子
百姓爱幺儿

第 56 则 　　　　　　　　87
吃醋

第 57 则 　　　　　　　　89
浮名浮利浓于酒
醉得人间死不醒

第 58 则 　　　　　　　　90
知识越渊博
思想越危险

第 59 则 　　　　　　　　91
虚名

第 60 则 　　　　　　　　92
国清才子贵
家富小儿骄

第 61 则 　　　　　　　　93
文人千古相轻
宗教千古相仇
江湖千古相忌

第 62 则 　　　　　　　　95
谁人背后无人说
哪个人前不说人

第 63 则 　　　　　　　　98
上台与下台

第 64 则 　　　　　　　　99
仗义每从屠狗辈
负心多是读书人

第 65 则	101		第 77 则	117
爱之欲其生 恶之欲其死			先要自知 才能知人	
第 66 则	104		第 78 则	120
好行小慧			眼高手低	
第 67 则	105		第 79 则	121
聪明反被聪明误			不肯平常	
第 68 则	106		第 80 则	122
自尊心			天下事 岂能尽遂人意	
第 69 则	107		第 81 则	123
几成而败之			好色	
第 70 则	109		第 82 则	124
失意忘形			不懂保密	
第 71 则	111		第 83 则	125
占有			玩弄聪明手段	
第 72 则	112		第 84 则	126
无惭无愧			人生三道坎	
第 73 则	113		第 85 则	128
用嘴巴刻薄别人			忌满	
第 74 则	114		第 86 则	129
不懂装懂			过度浪费	
第 75 则	115		第 87 则	131
了不起 起不了			沉迷爱好	
第 76 则	116		第 88 则	132
世故与经验			交友三忌	

第 89 则　133
过分糟蹋
就有罪了

第 90 则　135
掩过饰非

第 91 则　136
贪图享受
万事不管

第 92 则　137
悭吝

第 93 则　139
染缘易就
道业难成

第 94 则　142
看得破，忍不过
想得到，做不来

第 95 则　143
亡德而富贵

第 96 则　144
小人闲居为不善

第 97 则　145
假人与真人

第 98 则　146
目空一切
终归失败

第 99 则　148
嘴巴的四种业

第 100 则　150
一天不应酬
就感觉无聊了

第 101 则　151
贪恋清净

第 102 则　152
是非太明
瞋心种性

第 103 则　154
得意到极点
就很危险

第 104 则　156
以小害大

第 105 则　157
以能问于不能

第 106 则　158
言者，风波也

进退存亡得失

每个人都要注意,学了《易经》做人做事,不要过头,过头就是亢;大家都是平等的,只知道进不知道退,只知道存不知道亡,只知道得不知道失去,就是亢;人很容易犯这个毛病,知道进退存亡得失的关键,就是圣人。学《易》就是使我们知道"进退存亡得失"六个字。

——《易经杂说》

天将厚其福而报之　　◀002

"喜者所以为亡也",自己认为一切很满意了,高兴了,这是灭亡的一个先兆。所以一个人很得志,自己认为了不起了,那当然是灭亡,那不必问了。等于西方基督教的话,"上帝要你灭亡,必先使你疯狂",这也是真理啊!要毁灭一个人就使他先疯狂。中国文化只讲一句儒家的道理,"天将厚其福而报之",也就是因果的道理。所以世界上有些坏人比一般人发财,运气更好,因为上天要使他报应快一点,所以多给他一点福报,故意给他增加很好的机会,使他昏了头,他把福报享完了,报应就快了,就是这个道理。

——《列子臆说》

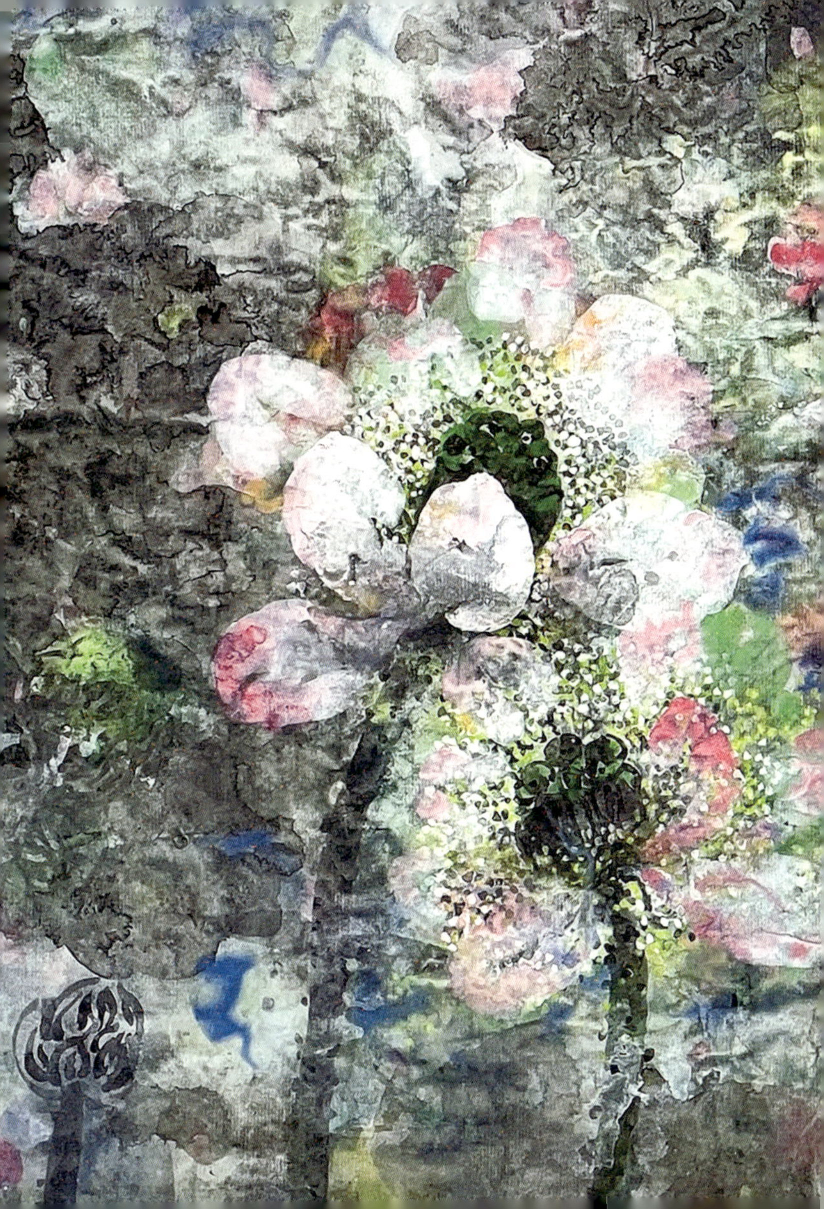

人太清则无福

"其为人,洁廉善士也",管仲把鲍叔牙看得透透的,他说鲍叔牙人格太好,人太好了不能干大政治,"水太清则无鱼,人太清则无福",你们注意哦!头脑太清醒的,太爱干净的,这些人没有福气;反而脏兮兮的啊,邋里邋遢的,福气好得很。所以中国人讲话,选媳妇要选一个丑一点的,"福在丑人边",太漂亮就红颜多薄命,这是同样的道理。他说鲍叔牙这个人太好了,既规矩,又清廉,人格高尚,要求自己太干净了,不能玩政治的。难道政治是坏人玩吗?不是的,而是大政治家能够包容好人,也能够兼容那些坏的,黑的白的,五颜六色他都能够包容。譬如我们这一堂人坐在这里,如果叫电视公司来照,放出来一定很好看,因为我们各种颜色都有,不像他们出家同学清一色,头上都光光的。这个社会就是形形色色,要能够包容得了形形色色才行。

——《列子臆说》

六尘缘影

不要把这个假的身心当成真我,把它看得牢牢的。想想看!我们一生时间中百分之九十五都在为这个躯体而忙。它需要睡觉,躺在床上,人生已去了一大半。它会饿,吃三餐饭,可有得忙了,买菜、洗菜,要煮、要炒,吃完了,还要洗,吃下去也挺麻烦,又要排泄出来。早晨起来,还要洗脸;冷了要加衣服,热了要脱衣服。为了生活奔波,要工作,要受气,忙了一辈子,结果,它还是不属于我的,最后属于殡仪馆的焚化炉。你看!我们被它骗得多苦!众生颠倒!除此之外,又是名,又是利,那更有得忙了,忙了一辈子,结果如何呢?人真是可怜啊!要透过这些假相来寻求真正的生命,不要被这些六尘缘影骗住了。

——《圆觉经略说》

要求别人完美

子贡问孔子，人生修养的道理能不能用一句话来概括？为人处世的道理不要说得那样多，只要有一个重点，终身都可以照此目标去做的，孔子就讲出这个恕道。拿现在的话来说，就是对任何事情要客观，想到我所要的，他也是要的。有人对于一件事情的处理，常会有对人不痛快、不满意的地方。说老实话，假如是自己去处理，不见得比对方好，问题在于我们人类的心理，有一个自然的要求，都是要求别人能够很圆满；要求朋友、部下或长官，都希望他没有缺点，样样都好。但是不要忘了，对方也是一个人，既然是人就有缺点。再从心理学上研究，这样希望别人好，是绝对的自私，因为所要求对方的圆满无缺点，是以自己的看法和需要为基础。我认为对方的不对处，实际上只是因为违反了我的看法，根据自己的需要或行为产生的观念，才会觉得对方是不对的。

——《论语别裁》

自我清理指南

痴 ◂006

　　我过去在大学教书，很多年轻人来问我爱情哲学，什么是情、爱、欲？我说，这三个字不管怎么分类都是混蛋，总而言之都是荷尔蒙在作怪。当荷尔蒙升华了，没有欲念了，就成了爱，爱再化掉了，就成了情。情就是痴的根本，情加浓一点就是爱。情像葡萄酒，蛮好喝但是很醉人。爱就不同了，像白兰地。欲像高粱酒或伏特加。都是酒，醉人的，是各种痴。生命就是痴来的。

——《维摩诘的花雨满天》

权力欲　　　◀007

一个人只要有"我",便都想指挥人,都想控制人,只要"我"在,就要希望你听我的。这个里边自己就要称量称量你的"我"有多大?盖不盖得住?如果你的"我"像小蛋糕一样大,那趁早算啦!盖不住的!这个道理就很妙了。所以权力欲要控制,不仅当领袖的人要控制自己的权力欲,人人都要控制自己的权力欲。因为人有"我"的观念,"我"的喜恶,所以有这个潜意识的权力欲。权力欲的倾向,就是喜欢大家"听我的意见","我的衣服漂亮不漂亮?""嗳哟!你的衣服真好、真合身。"这就是权力欲,希望你恭维我一下。要想没有这一种心理,非到达佛家"无我"的境界不行。

佛家的话"欲除烦恼须无我",要到无我的

境界，才没有烦恼；"各有前因莫羡人"，那是一种出世的思想。真正想做一番治世、入世的事业，没有出世的修养，便不能产生入世的功业。我看历史上很少有真正成功的人，多数是失败的。做事业的人要真想成功，千万要有出世的精神。所以说，"欲除烦恼须无我，各有前因莫羡人"。人到了这个境界，或者可以说权力欲比较淡。

——《易经系传别讲》

徒善不足以为政
徒法不能以自行

◀ 008

"徒善不足以为政,徒法不能以自行",这是一个大原则;孟子在这里点题,这是中国政治哲学最重要的中心。一个人,一件事,尤其是政治,光有善心没有办法从事政治;光是仁慈,没有办法管理人,没有办法替众人服务。就等于佛家的一句话,"慈悲为本,方便为门"。但是还有两句相反的话,所谓"慈悲生祸害,方便出下流",慈悲有时生出祸害来了;有时候将就一下,给他一个方便,结果就出下流。所以专门一味只讲仁慈,没有方法,这个仁慈是没有用的,"徒善不足以为政",这是不行的,尤其是从事政治。

我们这里同学好人特别多,善人特别多,学佛念《金刚经》,都学成善男子、善女人了。不过,善归善,不能做事,要做事的时候,是非善恶不能混淆，不能马虎，徒善就不足以为政，所以要有规矩，要有方法。

"徒法不能以自行"，你光讲规矩，光讲方法，也不行啊！像我们有些同学办事，"老师叫我这么办"，回来我就骂他，你不晓得变通吗？做事情那么呆板。所以"徒善不足以为政，徒法不能以自行"，这是中国历史上一大原则。

——《孟子旁通》（下·离娄篇）

妻共贫贱难
夫共富贵难

◀ 009

唐人元稹的诗中曾叹道："贫贱夫妻百事哀"，其实，就是夫妇之间，相保也有困难。我们民间有两句俗语说："妻共贫贱难，夫共富贵难"，一个女人如果嫁一个穷丈夫，是很难和这位穷丈夫共患难的。相反的，一个男人到了中年以上，发财以后，一有功名富贵成就，就会打主意娶小老婆或者金屋藏娇了。现代还有所谓"午妻"出现，都是"夫共富贵难"的现象，这也是人之常情。再由人情而关联到政治权力上，就成了利害祸患问题。感情、道义，一走到权力利害的关键点，往往感情与道义都崩溃了，历史上这种事例非常之多。

——《孟子旁通》（下·离娄篇）

恩里生害

◀ 010

现在讲爱的教育,中国古文有一句话,"恩里生害",父母对儿女的爱是恩情,可是"恩里生害",爱孩子爱得太多了,反过来是害他不能自立了,站不起来了。

现在没有时间,简单明了四个字,"语重心长"。你们不是要读古书吗?教孩子们读经,你们自己先要会。我以前讲话,只要说我这一番话是"语重心长"四个字就完了,不要说那么多。话讲得很重,很难听,我的心都是对你们好,希望你们要反思。并不是叫你们不要爱孩子,哪一个人不爱自己的儿女啊!我也子孙一大堆啊!我让他们自己站起来。

大家晓得我的孩子有在外国读书的,有一个还是学军事的,是西点军校毕业。不是我鼓励他,也不是我培养他,他十二岁连 ABC 也不认得就到美国去了,最后进入军事学校。他告诉我:"我不是读军事学校啊,我是下地狱啊!"我就问他说,那你为什么要考进去呢?他说:"爸爸啊,我离开家里时向祖宗磕了头,你不是说最好学军事吗?我就听进去了。街上的西点面包很好吃,所以我就想到读西点军校。但是好受罪啊!"没有办法,他也是自立的啊!要靠自己努力出来的。

——《廿一世纪初的前言后语》

道业名山不费寻
天人三界有声闻
夜来再把吴钩看
辜负平生救世心
乙丑仲夏

名士风流大不拘

有许多人知识非常渊博,而不好学(这就是我们强调过的,在讲第一篇《学而》时所说,学问并不是知识,而是个人做事做人的修养),它的流弊是荡。知识渊博了,就非常放荡、任性,譬如说"名士风流大不拘",就是荡。知识太渊博,看不起人,样样比人能干,才能很高,没有真正的中心修养,这种就是荡,对自己不够检束,这一类的人也不少。

——《论语别裁》

父子责善

孟子所说的"父子之间不责善"这句话,千万要记住。父子之间不可要求过多。这个"责善"的"责",就是责备求全的意思,"不责善"也就是不要过分求好……

父子之间如果责善,就会破坏感情,就会有嫌隙。孝道要建立在真感情上才会稳固。父子之间能像好朋友般相处的很少;试看生物界,飞禽也好,走兽也好,子女长大了以后,就各走各的。人为生物之一,本性上也是如此。由此可知,父母对于子女的责任,只是把子女教育成人,使他们能够站得起来,有了自己的前途,父母也就完成教育的责任了。至于子女以后对父母怎样报答,那是子女自己的事情,也不必存什么希望。再见吧!人生本来就是如此的。

父子之间一责善，问题就大了，这是一方面；在另一方面，万一遇到坏的父母呢？也同样的，子女不可以对父母责善，不可过分要求父母。

——《孟子旁通》（下·离娄篇）

凡有才具
多锋芒凌厉

凡有才具的人，多半锋芒凌厉，到不得势的时候，一定受不了，满腹牢骚，好像当今天下，舍我其谁？如果我出来，起码可比诸葛亮。有才具的人，往往会有这个毛病，非常严重！重点在于"邦有道不废，邦无道免于刑戮"，这两句话是孔子处世的原则。一个人如何做到治平之世，才具不被埋没；混乱之际，不会遭遇生命危险，实在颇为不易。

——《论语别裁》

怨天尤人

"怨天尤人"这四个字我们都知道,任何人碰到艰难困苦,遭遇了打击,就骂别人对不起自己,不帮自己的忙,或者如何如何,这是一般人的心理。严重的连对天都怨,而"愠"就包括了"怨天尤人"。

人能够真正做到了为学问而学问,就不怨天、不尤人,就反问自己,为什么我站不起来?为什么我没有达到这个目的?是自己的学问、修养、做法种种的问题。自己痛切反省,自己内心里并不蕴藏怨天尤人的念头。拿现在的观念说,这种心理是绝对健康的心理,这样才是君子。

——《论语别裁》

佛魔

许多年轻人，一天到晚跑寺庙，学佛打坐，而事实上，他们一点也不清净，一点也不无为，更谈不到空。那是自找麻烦，把腿子也搞坏了，不但佛没有学好，道没有学好，连做人也没有做好，学得稀奇古怪。这就是"正复为奇"，学正道学成了神经，就糟了。

"善复为妖"，人相信宗教本来是好事，信得过度了，反而是问题。所以我的老师、禅宗大师盐亭老人袁焕仙先生就说过，世间任何魔都不可怕，只有一个魔最可怕，就是"佛魔"。有的人看起来一脸的佛样，一身的佛气，一开口就是佛言佛语，这最可怕，所以不要轻易去碰这些人。

——《老子他说（初续合集）》

男女之间
有纯粹友谊吗？

◀ 016

    有位学生问我，男女之间，难道没有纯粹的友谊存在吗？我说：几乎没有。但并不是完全没有，不过很难有。因为男女之间就是我爱你，如果我爱你，你不爱我，你就会"莫益之，或击之"了。很多女生要我讲恋爱哲学，我说我不懂，因为恋爱哲学就是：我爱你时就爱你，我不爱你时就不爱你，完全以"我"为中心。每个人都是为"我"，为"自己"，不会真正去爱人；有时即使做到爱人，也是为了"我"的需要而爱。所以说，这个爱的逻辑都是以"我"为中心，由"我"而来。假使真做到了无"我"，那个爱不叫爱，就是仁，是慈悲。这种爱社会很少见，或者有两个人能做到，一个人已经死了，一个还没有出生。

——《易经系传别讲》

净洗浓妆为阿谁　子规声里劝人归
百花落尽啼无尽　更向乱峰深处啼
洞山偈 甲子一九八四清明
送文颢儒 C·Bellavance 返加拿大
南怀瑾

莫益之
或击之

◀ 017

世界上的交情不是"莫益之",就是"或击之"。无益于自己的,便打击。由这一方面看这个社会人生,也是很痛苦的。我们过去说过用人的故事,最初是感激你,后来变成你应该,最后变成了仇人,就恨你了。社会上恩爱、利害、善恶、是非本来都是相对的,但今天的人只想抓住恩爱、利益,忽略了利害相对、相生的道理。

——《易经系传别讲》

听"钱"指挥 ◀018

　　这是一个好像最讲民主平等自由的时代,其实现在全世界的皇帝姓"钱",都是钱做主,以钱来决定贵贱,没钱就没自由。没有真正独立不倚、卓尔不群的人格修养、学问修养,有的只是乱七八糟的所谓个性张扬和向钱看,变成听"钱"指挥。连科学研究、教育、学术都在听"钱"指挥,为就业忙,为钱忙,没有精神支柱,一旦失业,就天塌下来一样。

——《南怀瑾演讲录:2004—2006》

望子成龙

◀ 019

　　如果一味望子成龙，好像有些父母一样，把自己一生的失败和没有达成的愿望统统加在子女身上，要他们努力向上，去替自己争口气而光耀门楣，荣宗显祖，这不但是很大的过错，实在也是做父母心理道德上的罪过。结果一味如此妄求，他的结果会适得其反，反而造成子女在心理上潜在的抗拒，结果便变成不容于家庭和亲友乡里，而社会上又随随便便加以一顶太保或太妹的帽子，不但使自家无后，而且也使国家社会无故丧失了一个有用的人才。同时，希望一般盲目跟着升学主义走的人能够宁静自思，好好为家庭、为国家、为社会着想，而努力地教育子女成为有用的人才。

——《新旧教育的变与惑》

来说是非者
便是是非人

◀ 020

"来说是非者,便是是非人。"听了谁毁人,谁誉人,自己不要立下断语;另一方面也可以说,有人攻讦自己或恭维自己,都不去管。假使有人捧人捧得太厉害,这中间一定有个原因。过分的言词,无论是毁是誉,其中一定有原因,有问题。所以毁誉不是衡量人的绝对标准,听的人必须要清楚。

—— 《论语别裁》

相识满天下
知心能几人

◀ 021

    我们都有朋友,但全始全终的很少,所以古人说:"相识满天下,知心能几人?"到处点头都是朋友,但不相干。晏子对朋友能全始全终,"久而敬之",交情越久,他对人越恭敬有礼,别人对他也越敬重;交朋友之道,最重要的就是这四个字——"久而敬之"。我们看到许多朋友之间会搞不好,都是因为久而不敬的关系;初交很客气,三杯酒下肚,什么都来了,最后成为冤家。

——《论语别裁》

规过劝善的限度

中国文化中友道的精神,在于规过劝善,这是朋友的真正价值所在,有错误相互纠正,彼此向好的方向勉励,这就是真朋友,但规过劝善,也有一定的限度。尤其是共事业的朋友,更要注意。我们在历史上看到很多,知道实不可为,只好拂袖而去,走了以后,还保持朋友的感情……长官对部下或者朋友相处,都要恰到好处。如果过分,那么朋友都变成冤家了。

——《论语别裁》

自我清理指南

人生三忌

◀ 023

有三个基本的错误是不能犯的：一是"德薄而位尊"，道德学问都不行，大家来恭维你，尤是出家人，小小的年纪出了家，人家看到你便拜，那真可怕得很！你以为头发刮了就得道了吗？不是那么回事。另外两项是"智小而谋大，力小而任重"。如果犯了这三大戒，"鲜不及矣"，一定倒大霉，很少有例外的。

——《易经系传别讲》

克核太至

一个人不要刻薄,如果对自己道德的要求太严格,或者要求别人太严格,就是"克核太至"。

你们注意,做人是要学儒家的原理,不能学宋明理学家的那个态度,那都是神经病。学佛也是一样,要知道学戒行,但是戒行是要求自己,不能克核太至,更不能要求人家。你们往往拿戒行来要求别人,这样不对那样不对,你自己早就不对了,早就完了,已经进入变态心理状况,自己都不知道。这是我今天讲得很坦白的老实话,你们搞修养之所以不能成就,就是这个原因。

——《庄子諵譁》

多方丧生

"学者以多方丧生",方法越多,懂得越多,最后是一无所成。依我看来,现在全世界的教育普及了,知识越来越广博,却没有真正的学问,就是"多方",方向太多了,生命的真谛没有了,结果是"以多方丧生"。

——《列子臆说》

虎生犹可近
人熟不堪亲

交友之道实在很难,太亲近、太熟识了,自然会变得随便,俗语所谓的熟不知礼,就是这个意思。由于熟不知礼,太过随便,日久便会互生怨怼,反而变成生疏了。所以古人由经验中得来的教训,便很感慨地说"虎生犹可近,人熟不堪亲"。

人的心理作用犹如物理一样,挤凑得太紧,就会产生相反的推排力。因此要在彼此之间保持相当的限度和距离,以维系永恒的感情,这便是礼,也就是敬的作用和好处。

古礼教人处夫妇之道,也要相敬如宾。宾,就是客,也就是朋友的意思。一个人如深知此中的利弊,实在会觉得可怕!不过,如能渐渐从学养上做到一个"敬"字,又会觉得有无限的机趣，才真能体会到人生处世，确是最高的艺术。

——《孔子和他的弟子们》

忘记平生之言

一个人要有始有终,就是孔子讲过的,"久要不忘平生之言"。我们有时候慷慨答应一件事,说一句话很容易,不能过了几天,把自己原先讲那句话的动机就忘了。所以孔子说,一个人经过长久的时间,不忘平生之言,讲的话一定做到,有始有终,能做到的话,就是了不起的人了。我们平常读到这一句,不觉得重要,如果人生的经验多了,就晓得"久要不忘平生之言"这句话,是非常难办到的。

譬如交朋友,或男女由爱情结成夫妻,过不了多久,都会发生问题,绝对不是最初相爱的那个样子,这就是久而忘记了平生之言。开始的时候可以为你死呀为你活呀,什么都做得到,最后为你半死半活都做不到。人就是会忘记平生之言,所以我们一个人讲一句话，不要轻易说话，更不要轻易发一个动机；因为"保始之征"很难，也就是有始有终很难。

——《庄子諵譁》

奢与俭 ◀028

孔子说，人生的修养，"奢则不孙"。这个奢侈不止是说穿得好，打扮漂亮，家庭布置好，物质享受的奢侈。是广义的奢侈，如喜欢吹牛，做事爱出风头，都属于奢侈。奢侈惯了，开放惯了的人，最容易犯不孙的毛病，一点都不守规矩，就是桀骜不驯。"俭则固"，这个俭也是广义的。不止是用钱的俭省，什么都比较保守、慎重、不马虎，脚步站得稳，根基比较稳定。以现代的话来说就是脚跟踏实一点。他说"与其不孙也，宁固"，做人与其开放得过分了，还不如保守一点好。保守一点虽然成功机会不多，但绝不会大失败；而开放的人成功机会多，失败机会也同样多。以人生的境界来说，还是主张俭而固的好。同时以个人而言奢与俭，还是传统的两句话："从俭入奢易，从奢入俭难。"就像现在夏天，气候炎热，当年在重庆的时候，大家用蒲扇，一个客厅中，许多人在一起，用横布做一个大风扇，有一个人在一边拉，扇起风来，大家坐在下面还说很舒服。现在的人说没有冷气就活不了。我说放心，一定死不了。所以物质文明发达了，有些人到落后地方要受不了，这就是"从奢入俭难"。

——《论语别裁》

自我清理指南

眼高于顶
命薄如纸

◁ 029

现代教育，的确要注重职业教育，因为一般普通教育，在大学毕业以后，谋生技能都没有，吹牛的本事却很大。今日的青年应该知道，时代不同了，职业重于一切，去解决自己生活的问题，必须自己先站得起来，能够独立谋生。学问与职业是两回事，不管从事任何职业，都可以作自己的学问，不然，大学毕业以后，"眼高于顶，命薄如纸"八个字，就注定了命运。自认为是大学毕业生，什么事都看不上眼，命运还不如乞丐；没有谋生的技能，就如此眼高手低，那是很糟的，时代已经不允许这样了。

——《孟子旁通》（上·万章篇）

忧患千千结　慈悲片片云
空王观自在　相对不眠人
南怀瑾

喜欢快速成就　　◀030

不要求急进,太快了不是好事。急进容易落于侥幸,侥幸得来的,就不能长远保存,一定要工夫到了才行。凡事要慢慢来,这就要记住孟子这两句名言"其进锐者,其退速"。现代青年,往往犯了"喜欢快速成就"的毛病,结果基础不稳固。

——《孟子旁通》(中·尽心篇)

谨慎流于小气

世界上任何事情,是非、利害、善恶都是相对的,没有绝对的。但是要三思就讨厌了,相对总是矛盾的,三思就是矛盾的统一,统一了以后又是矛盾,如此永远搞不完了,也下不了结论的。所以一件事情到手的时候,考虑一下,再考虑一下,就可以了。如果第三次再考虑一下,很可能就犹豫不决,再也不会去做了。所以谨慎是要谨慎,过分谨慎就变成了小气。大家都有几十年的人生经验,过分小心的朋友,往往都犯了这个小气的毛病,小气的结果,问题就多了。所以孔子主张,何必三思而后行,再思就可以了。

——《论语别裁》

思想之争
超过利害之争

一个人内在道德的充沛,外形上看不出来,这个非常重要。有道德之士,如果外貌也摆出一个道德的形态,那就是有限的道德了。可以叫他有限公司。道德真充沛的人,外表很平凡,就像文学里讲的,"学问深时意气平"。一个人学问成就深沉了,他的意气也没有了。这句话看起来很平常,实际上很重要的。我们晓得古今中外的知识分子,他们的争论与心理上的战斗,比什么都厉害。普通人活着都在争,是贪心所起的争,是争利害。知识分子的争,比普通人所争更可怕,是所谓思想之争,更超过于利害之争。

所以真做到学问深时意气平,就是无诤,那就是圣人境界了,叫作得道的人。平常看这么一句话,"学问深时意气平",好像很容易,做起来是非常困难，因为意气很难平和。知识分子能否够得上这个标准，全看他的意气能不能平。

——《庄子諵譁》

疏不间亲

◀ 033

古人说的"疏不间亲",夫妻吵架,兄弟之间闹家务,第三者绝不能讲话,讲话是最笨的事。

我有一个经验,年轻的时候很热情,有两夫妻刚刚结婚,都是我的朋友,结果两个人吵架,都跟我埋怨对方。我想让他两夫妻讲和,跟男的讲,你不要听她的,她就是脾气坏;然后告诉女的,我那个同学好讨厌,你不要理他,过一两天就好了。结果他们到了晚上,两夫妻就和好了,然后说某人讲你坏耶!那样啊!这样啊!弄得我猪八戒照镜子,两面不是人。这个道理就是"疏不间亲"。

——《列子臆说》

精明外露

◀ 034

周朝流传下来的话，"察见渊鱼者不祥，智料隐匿者有殃"。这一句话我们注意啊！经常在书上看到，它是出在这个地方，这是两句名言，尤其是一个做领导的人，当然非要精明不可，但是精明要有个限度，而且精明更不能外露，这是中国做人做事的名言……觉得自己非常精明，精明里头聪明难，糊涂亦难啊！由聪明转到糊涂是更难！所以精明得太过分了，什么小事都很清楚，"察见渊鱼者不祥"，就是不吉利。这一句话，我们为人处世千万记住，随时可以用到。有时候在处理一件麻烦事时，你只要想到这个道理，就可以完成很多好事，成就很多事业，自己人生也减少了很多麻烦。

——《列子臆说》

看得破，却忍不过

好为人师　　◀035

世界上很多人都好为人师，喜欢为别人的事情乱出主意，总觉得自己的意见比别人好，这也就是好为人师。在心理学上说，人都有领导别人的欲望，佛家说这是我慢习气最重要的关键。人人都有发表欲，其实也是好为人师的一种表现。

搞宗教的人有这种毛病的，比世俗中还多；都是说你拜我为师，我传给你道，你一定会修成功。看了这个情形，只有感叹一声："人之患，好为人师"。最好一生都站在学人的位上，我说的这个学人，不是指现代的学者或者有学问的人；过去学人是指学习的人，是谦虚之辞，表示自己还在学习之中。

所谓"好为人师"，不一定是去学校里当老师才算。人有一个通病，欢喜指责别人的错误，总以为自己的智慧、学识比别人高明。从另一面来看,如果自己真有好的修养,喜欢帮助别人,那是人性的一个长处;如果自己没有好的修养,而喜欢去纠正别人,就是佛家所说的"贡高""我慢",也就是我们常说的"自以为是"。

所以这个"好为人师"的"师"字,并不一定指学校里当老师的,而是自以为比别人高明的人。甚至一个白痴,当他被别人欺负时,也会向人瞪眼,而认为欺负他的人是大笨蛋,人就有这个毛病。

——《孟子旁通》(下·离娄篇)

老好人

老好人,看起来样样好,像中药里的甘草,每个方子都用得着它。可是对于一件事情,问他有什么意见时,他都说,蛮有道理;又碰到另一方的反对意见,也说不错。反正不着边际,模棱两可,两面讨好。

现在的说法是所谓"汤圆作风"或"太极拳作风",而他本身没有毛病,没有缺点,也很规矩,可是真正要他在是非善恶之间下一个定论时,他却没有定论,表面上又很有道德的样子。

这一类人儒家最反对,名之为乡原,就是乡党中的原人。孔子说这一类人是"德之贼也",表面上看起来很有道德,但他这种道德是害人的,不明是非,好歹之间不作定论,看起来他很有修养,不得罪人,可是却害了别人。总要有一个中心思想，明是非，如此才是真正的道德。

——《论语别裁》

为者败之
执者失之

◂ 037

"为者败之,执者失之",一个人太懂得有所作为,反而会失败。必须要慢慢地等待,成功不是偶然的,有时要分秒必争,有时则是分秒不可争。必争者是我们人自己分秒都要努力;不可争者,因为时光是有隧道的,要分秒都到了才可以。不要早晨起来就希望天黑,这是不可能的,太阳的躔度是一点一滴慢慢来的。

——《老子他说(初续合集)》

沿流不止问如何 真照无边说似他
离相离名人不禀 吹毛用了急须磨

秀龄
南怀瑾

重外者拙内

◀ 038

"凡是重外者拙内",对外界的环境太重视时,心里就虚了,因为被外在影响了。人处理事务也一样,太重视环境,自己就受影响。比如,有个人进到我们这里,看见全堂坐满了,被这个场面吓住了;有些人不在乎这个场面,哪里都可以坐,很自然。所以被外界环境所影响的人成不了大事,成不了大器。

你忘记了一切外界的影响,你就是大丈夫,可以顶天立地了。

——《列子臆说》

面面都好
面面都糟

人越要求好,反而样样做不好,做人要想做到面面都好,就完全错误了。世界上没有任何人可以面面都好,越是想做到面面都好,结果是面面都糟。一件事情的处理,往往顾了这一面,无法顾那一面,它是相对的,有因果的,所以是"益之而损,损之而益"。也就是我们前面讲到的"大白若辱",你只能顾到一样,不能顾到两样,想一下子面面周到的人,结果是面面都得罪了。

——《老子他说(初续合集)》

上愈智则下愈愚

◀ 040

"上愈智则下愈愚",注意哦,当领袖的人,不要太聪明,上面越聪明,下面的笨蛋越多。那是真的,这叫作"良冶之门多钝铁",好的铁工厂里头废铁特别多,"良医之门多病人",好的医生那里病人特别多,那是没有办法的。所以上面越智,下面笨的越多,因为本来不笨,上面的人太能干,下面的人就抱一个观念,多做多错,不做不错,干脆不做最好,因为领导太能干了嘛,什么都会。

——《孟子旁通》(下·离娄篇)

迁怒　　　◀041

所谓迁怒,姑且分为人和事两方面来讲。先说对人方面。例如我们普通一个人,遇到一件不遂意的事,心里一股怨气无从发泄,往往会把它发泄到与此事毫不相干的朋友或妻子儿女的身上,这是很明显的对人迁怒。

甚之,如俗话所说,老羞成怒,明明是自己错了,可是因为你知道我错了,我不但不深自反省,还转而认为你太不了解我或不原谅我,因此更是不能罢休,这些都是迁怒的心理。

至于对事呢？例如我们做一件事,明明是自己错了,但偏偏要推诿是受别人的影响。另外或者对他人误会,就将错就错,任性发泄心中的怨恨；甚或怨天而忧人,不肯反省自己的过错,这都属于迁怒的心理。

——《孔子和他的弟子们》

纸上谈兵 ◂042

中国人说"天下兴亡，匹夫有责"，人人都应该关心。但是，有个原则，"不在其位，不谋其政"，他不在那个位置，不轻易谈那个位置上的事。

在我来说，认为知识分子少谈政治为妙。因为我们所谈，都是纸上谈兵。我们看到这六十年来，都是知识分子先在这一方面闹开了动乱的先声，很严重。尤其人老了，接触方面多了，发现学科学的更喜欢谈政治，如果将来由科学家专政，人类可能更要糟糕。因为政治要通才，而科学家的头脑是专的，容易犯以偏概全的错误。

——《列子臆说》

小不忍
则乱大谋

子曰：巧言乱德。小不忍则乱大谋。这两句话很明白清楚，就是说个人的修养。巧言的内涵，也可以说包括了吹牛，喜欢说大话，乱恭维，说空话。巧言是很好听的，使人听得进去，听的人中了毒、上了圈套还不知道，这种巧言是最会搅乱正规的道德。"小不忍，则乱大谋。"有两个意义，一个是人要忍耐，凡事要忍耐、包容一点，如果一点小事不能容忍，脾气一来，坏了大事。许多大事失败，常常都由于小地方搞坏的。一个意思是，做事要有忍劲，狠得下来，有决断，有时候碰到一件事情，一下子就要决断，坚忍下来，才能成事，否则不当机立断，以后就会很麻烦，姑息养奸，也是小不忍。这个"忍"可以作这两面的解释。

——《论语别裁》

看得破，却忍不过

上有好者
下必甚焉

做领导人第一个修养是容忍。有的人不一定像小丑那样的"巧言令色",但每个人都喜欢戴高帽子,人若能真正修养到戴高帽子感觉不舒服,而人家骂我,也和平常一样,这太不容易。所以知道了自己的缺点和大家的缺点,待人的时候,不一定看到表面化的"巧言令色"。大家经验中体会到,当你在上面指挥时,觉得那种味道很好;但是这中间很陷人、很迷人,那就要警惕自己。你说素来不要名、不要钱,只讲学问,就有人来跟你谈学问。要注意,"上有好者,下必甚焉",他那个学问是拿来做工具的。

——《论语别裁》

你被外在所拘束吗

◀ 045

我们活着，就受外在环境、历史、文化、政治、社会、家庭乃至自己身体的影响，自己始终不得自在。这还是大的绳子，还有许多小的绳子，要求名求利、要结婚、要求学，都是。你不想捆这绳子也不行，都在这圈圈中打滚，永远跳不出来。

所以人生最难得是解脱。真解脱了以后是真自在，那真是观自在菩萨了。人生最苦是解脱不了，为形象一切所拘束。解脱了不是没有了，是法身清净成就，就是无始以来的本来面目就清净圆满。

——《维摩诘的花雨满天》

攀缘

我们的思想,一个念头接一个念头,像爬楼梯一样,一阶一阶上来。我们的心一天到晚在攀缘,要想求财、要求子,要这要那。《西游记》中用猴子来代表这攀缘心,猴子不抓东西不舒服。因为有攀缘所以就有病,求东西求不到就有痛苦,就生病,是病的根本。

——《维摩诘的花雨满天》

轻诺则寡信

孔子说古代的人不肯乱讲话,更不说空话,为什么不随便说话呢?因为怕自己的行为做不到。所以行仁的人,有信义的人,往往不轻易答应,不轻易发言。我们历史上有句话——"重然诺",这就是说不肯轻易地答应一句话,答应了一定要做得到。我们又在历史上看到"轻诺则寡信"的相反词,这是说随便答应一件事的人,往往不能兑现守信,所以孔子指出了这个道理。

——《论语别裁》

多易必多难

"多易必多难",把天下事看得太容易了,认为天下事不难,最后,你所遭遇的困难更重。天下事没有一件是容易的,都不可以随便,连对自己都不能轻诺。有些人年轻的时候想做大丈夫,救这个国家,劝他慢慢来,先救自己,有能力再扩而充之;否则自己都救不了,随便吹大牛,就是轻诺。

今天一位在国外教学回来的人感慨地说:"我们从小读书到现在,读了一辈子书,又做几十年事,对于父母所给予恩惠的这笔账,一毛钱也没有还过。"他所说的一毛钱,当然不是完全指的金钱,是说一件事情都没有做好,正如《红楼梦》贾宝玉对自己的描述,"负父母养育之恩,违师友规训之德"。许多人,甚至几乎所有的人,活了几十年都还在这两句话中,违背了老师朋友们所规训的道德,一无所成。我们年轻人都应立志,结果,几十年都没有做到自己所立的志向,这也是轻诺。所以,人生要了解,天下事没有一件是容易的。

"是以圣人犹难之,故终无难矣。"圣人之所以成为圣人,因为重视天下事;他不但不轻视天下事,也不轻视天下任何人。因此,才不会有困难,才能成其为圣人!

——《老子他说(初续合集)》

一流的家庭
末等的教育

二十年前我就讲过,现在我们的教育,第一流的家庭是末等的教育。夫妇都是知识分子,都去工作了,孩子托给佣人照顾,再不然请个保姆,那个保姆的知识程度,未必超过孩子的妈妈,保姆是没有办法才来做保姆嘛!结果呢?你第一等的家庭给孩子实施了末等的教育,造成了今天教育的问题、社会的问题。所以今天的教育没有什么可谈的,要谈教育,所有的妈妈都要先回到幼稚园去再教育才行。这不是我在说笑话,我们的教育的确很有问题。

——《易经系传别讲》

看得破，却忍不过

人在人情在
人死就两丢开

◀ 050

"人在人情在，人死就两丢开"，人活着就有情在，人死掉就没有了。我常告诉有些朋友的太太，我说你啊，最大的福气要死在先生前面，为什么？丈夫地位高声望还在，夫人的丧礼大家都来；如果先生早早死了，最后剩一个孤老太太，死的时候啊，殡仪馆旁边那个小厅，大概来个小猫三四只都很难得。这也代表了"生相怜，死相捐"。

我们讲到社会上这种现象，了解许多人生，所以学问在哪里？不一定在书本里，你要观察才懂。假设一个人生病找你救济，第一次出三千，第二次两千半，第三次就是一千五，第四次就很讨厌了。死的时候买不起棺材，有替人做好事的，一出一二十万。我说与其这个时候出二十万买个棺材，他活着的时候你为什么不给他多弄一点钱呢？当然也有道理，因为这一趟跑完了，烧了，以后就没事了；如果平常给你医好了，又不死不活的，更是麻烦。所以做人应该怎么办？这是大家的课题，怎么样叫作做好事？这个好事里头有学问了，这就是人生。

——《列子臆说》

一家温饱千家怨
半世功名百世怨

　　我也经常告诉你们做人的原则,"女无美恶,入宫见妒",一个女人不管她漂亮不漂亮,只要靠近那个最高的领导人,到了皇帝的旁边,所有的宫女都嫉妒她,并不是为了她漂亮不漂亮,因为上面宠爱她嘛!"士无贤不肖,入朝见嫉",知识分子不管你有没有学问,突然同学里头有一位当了部长,一下入阁了,你们同学一边恭维他,一边心里不服气,你算什么东西啊!我还不晓得你吃几碗干饭吗!就会嫉妒,这是必然的。古人有诗,"一家温饱千家怨,半世功名百世怨",所以有些知识分子看通了,做学问是为自己,不出来做事了,去做隐士。有些领导就懂这个道理,故意把社会仇恨挑起来,方便自己领导。

　　我们只要看到人家房子盖高了,有钱多盖一

些，你走在路上都会骂它一声，那个房子同你什么相干？一个人做官做了半辈子，做官运气再好，也不过做个二三十年，半世的功名就留下后代愆。因为地位高了，官做了几十年，不晓得哪一件事情做错了，这个因果背得很大，也许害了这个社会，害了别人。所以古人学问好了，怕出来做事，自己不敢过于信任自己，非常慎重，因为一个错误办法下去，危害社会久远，受害的人很多。

——《列子臆说》

慈悲生祸害
方便出下流

仁虽然好,好到成为一个滥好人,没有真正学问的涵养,是非善恶之间分不清,这种好人的毛病就是变成一个大傻瓜。有许多人非常好,仁慈爱人,但儒家讲仁,佛家讲慈悲,盲目地慈悲也不对的,所谓"慈悲生祸害,方便出下流"。不能过分方便,正如对自己孩子们的教育就是这样,乃至本身修养也是如此。仁慈很重要,但是从人生经验中体会,有时帮助一个人,我们基本上出于仁慈的心理,结果很多事情,反而害了被帮助的人。这就是教育的道理,告诉我们做人做事真难。善良的人不一定能做事,好心仁慈的人,学问不够,才能不够,流弊就是愚蠢,加上愚而好自用便更坏了。所以对自己的学问修养要注意,对朋友、对部下都要观察清楚,有时候表面上看起来是对某人不仁慈,实际上是对这人有帮助。所以做人做事,越老越看越惧怕,究竟怎样做才好?有时自己都不知道,这就要智慧、要学问。

——《论语别裁》

自我清理指南

重难而轻易

人的一般心理,古书上叫作人情,就是人的心理都是"重难而轻易"。越困难,他越看得贵重;越容易,他越看得没有用。我常跟年轻同学讲,我都告诉你了,你不相信;一定要等到我死后有人叫好,你才觉得我说得对、说得好吗?因为人情也"重死而轻生",死去的都是好的,活着的并不好;人情也"重远而轻近",远来的和尚会念经,本地的和尚不一定行;人情也"重古而轻今",古代的就是好的,现代人都不行。现在的人是"重外而轻本",外国来的学问都是好的,自己国家的都是狗屁,认为外国的月亮比自己本土的大又圆。

这真是一个笑话,如果我们这一堂研究《孟子》的人,照个像留下去,后世的人会说:哎哟,他们这一代人好了不起喔！算不定大家还跪在前面，向我们磕三个头呢！可是我们都看不见了，对不对？这是人情。

同样道理，这就告诉我们一个处世做人的原则。现在研究心理学、懂了心理学的人，就应用这种心理，故意弄得错综复杂一点，人们就信，成为领导群众的法门了。如果我们这个地方叫人来参观，电梯一上来就到了，是没得价值的；最好电梯不开，十楼要慢慢走上去，然后这里弄个栏杆，那里给他一个弯曲，就有味道了，人的心理就是那么一件事情。

所以啊，天下的道理，不管做人做事，或政治、社会问题，都是同样的。你把这个书读懂了，原则也就都懂了。

——《孟子旁通》（下·离娄篇）

升米恩
斗米仇

中国乡下人有句老话,送人一斗米是恩人,送人一担米是仇人。帮朋友的忙,正在他困难中救济一下,他永远感激,但帮助太多了,他永不满足。往往对好朋友,自己付出了很大的恩惠,而结果反对自己的,正是那些得过你的恩惠的人,所以做领导的人,对这点特别要注意。一个人的失败,往往失败在最信任、最亲近的人身上。历史上这种例子很多。这种人并不一定要存心害对他有恩的人,像拿破仑在两个人的心目中,被认为他不配当英雄,一是他自己的太太,一个是他的一个老朋友,因为太亲近,相处太久了,就有不同的观念,在不知不觉中会做出一些有害的事来。这都是恩与害往往互为因果的关系,所以"恩生于害"这句话很重要。

——《易经杂说》

皇帝爱长子
百姓爱幺儿

◀ 055

我要跟你们讲,教育孩子是很困难的。我做过父母,也做过儿女,而且我受的教育啊,由旧的家塾读书到新式的小学、大学、军事学校,文的、武的,这些教育我都受过,也都教过,经验太多了,深有体会,真正的教育在反省自己,孩子的缺点就是父母的缺点。

还有,做父母的有没有偏心呢?你们没有,你们只有一个孩子嘛,多几个孩子试试看?父母肯定会偏心,所以古人说,"皇帝爱长子",做皇帝,做有权力的老板,事业成功者,都喜欢寄望大儿子能够继承;"百姓爱幺儿",普通家庭的老百姓,喜欢最小的孩子,不管是男的女的,最爱的是这个最小的。这是做父母的普遍心理,这里头的学问大得很。

你读历史，汉朝、唐朝为什么兄弟会来抢位子，争权夺利，互相杀害？是教育呢？还是人性呢？所以我说教育无用，教育改变不了人，人只有自己改变自己。这也告诉你们做家长的，不要寄望后代，那是幻想。你怎么样培养孩子呢？把自己的孩子看成别人的孩子，把别人的看成自己的孩子，要孩子能认识到自己的缺点，并且改过来，等等。所以如何培养孩子，让他平安地过一生，虽是很重要的，但也全靠孩子自己了。

——《廿一世纪初的前言后语》

吃醋

人类嫉妒的心理是天生的，一般人所谓的吃醋，好像男女之间相爱，女性的妒忌心特别容易表现，所以一般都说女性醋劲最大，其实男性吃醋比女性更厉害，而且不限于男女之间，男性往往发展到人事方面，诸如名利之争、权势之争等等。譬如有些人名气大了，就会有人吃醋，有的人文章写得好了，就会有人吃醋了，字写得好了也吃醋。乃至于衣服穿得好了，别人也会吃醋，甚至两人根本不认识，也吃醋。这是什么道理？这是高度的哲学和心理学，嫉妒是人与生俱有的劣根性。

——《历史的经验》

看得破，却忍不过

浮名浮利浓于酒
醉得人间死不醒

◀ 057

　　由于科学的发展，物质文明的发达，工商业的进步，现在人与人之间，求利的观念，比过去更加严重。这是什么道理？这是一个大问题，孔孟反对了几千年，叫唤了几千年，但是谁也没有被他叫醒。道家也有一首诗，在"名利"两字上加一个"浮"字，"浮名""浮利"，意思说名和利，是浮在表面的，随时可以流走的，不是自己的，只是在活着的时候，暂时所属，是"我之所属，非我之所有"。有首诗中的两句："浮名浮利浓于酒，醉得人间死不醒。"在思想观念上，我们把名利看得很淡，可是在现实上，名利像酒一样，喝醉了永远醒不了。

——《孟子旁通》（下·告子篇）

知识越渊博
思想越危险

◀ 058

　　博学不一定有用，博学要笃志，有一个中心，意志坚定，建立人品，那么知识渊博，有如一颗好的种子，意志的坚定是肥料，培养出花和果来。内在没有一个中心，知识越渊博，思想越危险，觉得样样都有道理，容易动摇，应该是真理只有一个，要把它找出来，所以要笃志。

——《论语别裁》

虚名　　　◀ 059

"名也者，响也"，一个真正了解人生哲学的人，不要被虚名所骗，因为名是个假东西。这个名包括了名誉，别人对你的恭维。许多年轻同学说，某人说我怎么……我说你怎么那么笨！谁当面说你混账啊？"混账"两个字是在背后骂的。他刚才说你了不起，千万不要听这些，一个立大功建大业的人，只问自己真正所建立的是什么，一切好坏的名誉都是虚假的，靠不住。人家讲我多么好，徒有虚名，我实在没有那么好。这个道理也就是"名也者，响也"，是有些影响，但不要被它欺骗，我们要认清楚自己。

——《列子臆说》

国清才子贵
家富小儿骄

　　你要问将来的时势和社会趋势，多看一下后一辈的孩子教育文化，就可大概知道未来了。孟子有一段话说得很对：富岁子弟多赖，凶岁子弟多暴。非天之降才尔殊也，其所陷溺其心者然也。这是说，富贵的家庭或是社会富有了，就会养成青年人多"赖"，爱炫耀、爱耍阔、爱奢侈、好高骛远。社会苦寒，家庭贫穷，就会使青年人容易走上"暴戾"愤恨的路上去。这并不是天生人才有什么差别的作用，只是因为受环境压力，造成心理沉没的后果。除非真能刻苦自励、专心向上的人，才有可能跳出"世网"。又如我们小时候读的成语所说，"国清才子贵，家富小儿骄"，"马行无力皆因瘦，人不风流只为贫"。

——《原本大学微言》

文人千古相轻
宗教千古相仇
江湖千古相忌

◀ 061

　　文人千古相轻,我说,宗教是千古相仇。不管信的什么教,信教的人彼此是仇人啊!比文人还厉害。越是信教的,那个恨人的心理越比普通人重。佛说无我相、无人相、无众生相、无寿者相,结果宗教团体的人我是非特别多,我听了就烦。那么江湖呢?江湖是千古相忌。文人千古相轻,宗教千古相仇,江湖千古相忌,这几句把世故人情都说完了。

　　你们在这里号称修行,是不是真修行?考考自己。一个学佛的胸襟气派一定要大,能够包罗万象,对的就对,不对就不对,这种小事没什么了不起。话说回来,同学们固然不对,作者听了这些闲言闲语心中烦恼,也太没有程度了。叫你们读的《昔时贤文》,其中有一句我七八岁时就背了:"谁人背后无人说,哪个人前不说人",哪个人背后没有人批评啊?那两个人碰到了,不讲别人的事讲什么啊?这就是人。老夫妻俩在房中讲媳妇怎样、儿子怎样,也是在讲人。所以把人世间这些东西看通了,听了那些话都是狗屁不如,这样你就胸襟大了。我以前做过领导的,部下在我面前,我讲什么,"是"都喊得大声,背着我可就有花样了。

任何人对你喊万岁,将来叛变的就是他。越恭维得厉害,越靠不住。我经常同那一班在做事的人说,绝对喊服从的人问题最大。有些翘头翘脑的,你吩咐他就这么办,他不同意,真是讨厌,可是他有他的理由,而且是对的。这时候你坐在上面的人,意志就要像刀一样,把自己这个不快的心理硬是切下来。桌一拍,好!就照你的办!这样才可以做上面的人,很痛苦啊!

——《维摩诘的花雨满天》

谁人背后无人说
哪个人前不说人

天底下有许多谣言,但是"谣言止于智者"。谁看到?我表哥;把表哥找来问,表哥说是老李;把老李找来,结果是鬼看到,人没有看到。这个原因就是人爱犯口过。

两舌,两面讲话,讨好人。所以做主管的人,经验久了有心得,很简单,来说是非者便是是非人。在上面位子坐久了,这方面头脑要清楚。甲来说乙,甲跟乙之间早已有了意见、过节,如果没有意见,好得像亲家一样,他会来说他坏话吗?他只会讲他好话。但是你也要晓得,如果甲来讲乙的好话,也同样是问题。所以主管当久了,我承认一句话:老奸巨猾。在一个聪明、高明人面前,你少说话,你一提某人好坏,立刻被怀疑,"你这家伙干什么?某人好坏我还不晓得?要你来多嘴？"

像我经常碰到这种事。什么人好坏我还不晓得？我活了几十岁，两只眼睛是瞎的吗？如果我看错了，那我承认我瞎了眼睛，但是你本身也犯了两舌戒，喜欢挑拨是非，尤其是妇女特别喜欢，无事生非，破坏人家。其实，岂止是妇女，男人也一样，不过，方式不同。人总喜欢这么做，就是古人两句话："谁人背后无人说？哪个人前不说人？"人与人见了面，一定讲人家，两个人一见面，"嗳！你看到某人没有？""没有看见。""这个家伙好几天没看见，不晓得搞些什么？"这就在说人家了。在人面前说别人，这是众生与生俱来的业力。

——《药师经的济世观》

能受天魔方铁汉
不遭人忌是庸才
戊寅冬月书古人句
王小强勉之
南怀瑾

上台与下台

人在上台与下台之间,尽管修养很好,而真能做到淡泊的并不多。一旦发表了好的位置,看看他那个神气,马上不同了。当然,"人逢喜事精神爽",这也是人情之常,在所难免。如果上台了,还是本色,并没有因此而高兴,这的确是种难得的修养。下台时,朋友安慰他:"这样好,可以休息休息。"他口中回答:"是呀!我求之不得!"但这不一定是真心话。事实上一个普通人并不容易做到安于下台的程度。所以唐人的诗说:"相逢尽道休官好,林下何曾见一人!"这是描写当时在朝做官这种情形,古今中外都是一样,不足为怪。不但中国,外国也是一样。"不喜不愠",这是很重要的修养。

——《论语别裁》

仗义每从屠狗辈
负心多是读书人

古人的诗说:"仗义每从屠狗辈,负心多是读书人。"这也是从人生经验中体会得来,的确大半是如此。屠狗辈就是古时杀猪杀狗的贫贱从业者,他们有时候很有侠义精神。历史上的荆轲、高渐离这些人都是屠狗辈。虽说是没有知识的人,但有时候这些人讲义气,讲了一句话,真有去做了;而知识越高的人,批评是批评,高调很会唱,真有困难时找他,不行。

讲到这里,想起一个湖南朋友,好几年以前,因事牵连坐了牢。三个月后出来了,碰面时,问他有什么感想?他说三个月坐牢经验,有诗一首。是特别体裁的吊脚诗,七个字一句,下面加三个字的注解。他的诗是:"世态人情薄似纱——真不差,自己跌倒自己爬——莫靠拉;交了许多好朋友——烟酒茶，一旦有事去找他——不在家。"我听了连声赞好。这就和"负心多是读书人"一样，他是对这个"清"字反面作用的引申；对社会的作用而言，就是这个道理。

——《论语别裁》

爱之欲其生
恶之欲其死

领导人对部下，或者丈夫对太太，都容易犯一个毛病。尤其是当领导人的，对张三非常喜爱欣赏，一步一步提拔上来，对他非常好，等到有一天恨他的时候，想办法硬要把他杀掉。男女之间也有这种情形，在爱他的时候，他骂你都觉得对，还说打是亲骂是爱，感到非常舒服。当不爱的时候，他对你好，你反而觉得厌恶，恨不得他死了才好。这就是"爱之欲其生，恶之欲其死"。爱之欲其生的事很多，汉文帝是历史上一个了不起的皇帝，他也有偏爱。邓通是侍候他，管理私事的，汉文帝很喜欢他。当时有一个叫许负的女人很会看相，她为邓通看相，说邓通将来要饿死。这句话传给汉文帝听到了，就把四川的铜山赐给邓通，并准他铸钱（自己印钞票）。但邓通最后还是饿死的。这就是汉文帝对邓通爱之欲其生。当爱的时候,什么都是对的,人人都容易犯这个毛病,尤其领导人要特别注意。孔子说:"既欲其生,又欲其死,是惑也。"这两个绝对矛盾的心理,人们经常会有,这是人类最大的心理毛病。我们看这两句书,匆匆一眼过去,文字上的意义很容易懂。但详细研究起来,就大有问题。所以我们做人处理事情,要真正做到明白,不受别人的蒙蔽并不难,最难的是不要受自己的蒙蔽。所以创任何事业,最怕的是自己的毛病。以现在的话来说,不要受自己的蒙蔽,头脑要绝对清楚,这就是"辨惑"。譬如有人说"我客观地说一句",我说对不起,我们搞哲学的没有这一套,世界上没有绝对的客观,你这一句话就是主观的,因为你说"我",哪有绝对的客观?这就要自己有智慧才看清楚。这些地方,不管道德上的修养,行政上的领导,都要特别注意。"爱之欲其生,恶之欲其死。"是人类最大的缺点,最大的愚蠢。

——《论语别裁》

自我清理指南

好行小慧

全世界到处都是"好行小慧",盛行使用小聪明……现在的一般青年,进入社会之后,慢慢地就染上这个习性。

不是无所用心,他们所用的心,就是孔子这句话"好行小慧",使小聪明,没有从大学问、大聪明上着眼。这是时代的悲哀,社会的病态。

——《论语别裁》

聪明反被聪明误

人平安就是福,苏东坡有一首诗,我也常常提到。你不要看苏东坡那么了不起,他官大,名气也大,可是一辈子受罪,一辈子没有好境遇,他受的罪跟我们不同。他的《洗儿诗》说:"人人都说聪明好,我被聪明误一生。但愿生儿愚且鲁,无灾无难到公卿。"

苏东坡说,世上的人都说人聪明好,他却认为自己一辈子被聪明耽误了,但愿生一个笨得一塌糊涂的儿子,但一辈子官得大大的,也没有犯法,也不会倒楣。我经常说苏东坡这一首诗不太好,前面三句我都赞成,最后一句他又错了,又被聪明误了。生个儿子又笨又蠢,功名富贵样样有,这个算盘打得太厉害了,哪里做得到啊!希望大家不要犯跟苏东坡一样的错误。

——《廿一世纪初的前言后语》

自尊心

现在都讲人要有自尊心,这是漂亮的名词,实际上就是我慢。不要说人,连动物都有我慢的,"螳臂当车"讲的就是。

自尊心的反面是自卑感,但是天下没有人有真正的自卑感,所谓自卑感是傲慢的反面心理。你们懂这个心理吗?因为很傲慢,格老子,我还怕你吗?暂时让让你罢了。看起来内向的人都是傲慢的,都有自卑感的。有自卑感的人都是很傲慢的,这逻辑就是这样。脾气大的人往往自卑感重,特别怕被人看不起,习气就如此。

——《维摩诘的花雨满天》

几成而败之

做一件事情，无论小事或大事，快要成功时就是最危险的时候。因为快成功会使自己昏了头，一高兴，眼前的成功反而成为"一失足成千古恨，再回首已百年身"。纵然不死，却要再重新开始了。所以说一般人多半是"几成而败之"，在几乎快要成功的时候反而失败了。

但是，要注意"几"字，再进一步做更深一层的讲，成败都有它的先机，有它的关键。先机是什么？是"未兆易谋"那个兆头。一件事情的成败，常有些前后相关的现象，当你动作的时候，它已经有现象了，自己没有智慧看不出来；如能把握那个"机"，就不至于失败。所以，一般的人们"几成而败之"，是因为把坏的机看成成功的机,自己看不清楚,结果失败了。

——《老子他说(初续合集)》

失意忘形

◀ 070

我们都常听说"得意忘形",但是,据我个人几十年的人生经验,还要再加上一句话,"失意忘形"。

有人本来蛮好的,当他发财、得意的时候,事情都处理得很得当,见人也彬彬有礼;但是一旦失意之后,就连人也不愿见,一副讨厌相,自卑感,种种的烦恼都来了,人完全变了——失意忘形。

——《论语别裁》

看得破，却忍不过

占有　　　◀ 071

"祸莫大于不知足，咎莫大于欲得"，人类最大的罪恶就是想占有，英雄要占有天下，也就是占有权力；男人想占有女人，女人想占有男人；人想占有钱，钱反正不说话，随你们办，这就是"欲得"。"故知足之足，常足矣"，要人类社会真正和平，必须人人反省，人人都能够知足。虽然老子写了五千言，孔子和释迦牟尼佛，以及几千年来的圣人，还有黄帝等几个上古的圣人，都在教化人应该知足，可是人就是不知足。

——《老子他说（初续合集）》

无惭无愧

一般人根本不知道惭愧,也就是儒家讲的无耻,每个人都觉得自己了不起,难得有一下自己觉得脸红,那个脸红是惭,还不是愧。愧是内心对自己所作所为感到难过,若无这种反省就是无愧。任何人只要一犯错,他心里也明白,脸色立刻变红,过了一会儿,自己再一想,马上又找了很多理由支持自己,认为自己的对,错的还是你。你看我们每个人是不是这样?

——《药师经的济世观》

用嘴巴刻薄别人 ◂073

耍嘴皮子是最可怕的,会讲话的人,常犯一个毛病,喜欢用嘴巴得罪别人或刻薄别人。说话刻薄别人的人,常常被别人讨厌,有时言语给人的伤害,比杀人一刀还痛苦。

——《论语别裁》

不懂装懂 ◂074

　　一个人要平实,尤其是当主管领导人要注意,懂得就是懂得,不懂就是不懂,这就是最高的智慧。换句话说,不懂的事,不要硬充自己懂,否则就真是愚蠢。

　　关于这一点,几十年来看得很多。这个时代,很容易犯这个毛病。很多学问,明明不懂的,硬冒充自己懂,这是很严重的错误,尤其是出去做主管的人要注意。

——《论语别裁》

了不起
起不了

当一个人获得了不起的成功时,自己要忘记自己的了不起,要赶快谦卑下来。如果获得了不起的成功以后,不忘记自己的了不起,甚至由一件事情获得了不起的成功,便以为自己事事都了不起,那么就会成为"起不了"。

可是人是最容易犯这种错误的,这是年轻人要特别注意的地方,千万不可因一事之成功,便自满傲慢,这样必终归失败。切切记住这几句话:人到达"了不起"的时候,要忘记自己的"了不起";如果不忘记自己的"了不起",就会"起不了"。

——《孟子旁通》(下·告子篇)

世故与经验

"涉世浅,点染亦浅;历世深,机械亦深。"初进入社会,人生的经验比较浅一点,像块白布一样,染的颜色不多,比较朴素可爱。慢慢年龄大了,嗜欲多了(所谓嗜欲不一定是烟酒赌嫖,包括功名富贵都是),机心的心理——各种鬼主意也越来越多了。这个体验就是说,有时候年龄大一点,见识体验得多,是可贵;但是从另一个观点来看,年龄越大,的确麻烦越大。所以世故与经验,加到人的身上,有时候使人完全变了质,并不是一件好事。

——《论语别裁》

先要自知
才能知人

几年前，有些大学生来向我抱怨，如何不满现实，我告诉他们说，连米长在哪一棵树上，你们都不知道，还在这里不满这样，不满那样，假如把国家交给你们治理，结果不出三个月，只有两个字——亡国。自己一点人生经验也没有，在那里乱想乱批评，毫无用处，也毫无道理。治国不是简单的事，自己在社会上规规矩矩做人，能站起来都不容易，何况为社会、国家、天下办事，更不是简单的了。

年轻朋友们自己要反省一下，你为朋友办事办好没有？办得完全美好的有几件？三五同学在一起时，做到真正和睦、精诚团结没有？三五个人的团结都做不到，两人在一起甚至吵上三天，还想治理社会、国家、天下，真是谈何容易！所以高明的人，先要自知，然后才能知人。老子更说："知人者智，自知者明"，了解别人，还比较容易做到；世界上明白自己的人绝对不容易找到。了解自己的人，才算是明白人，那就开悟了，开悟也就是了解自己，认识自己本来面目。

——《孟子旁通》（上·万章篇）

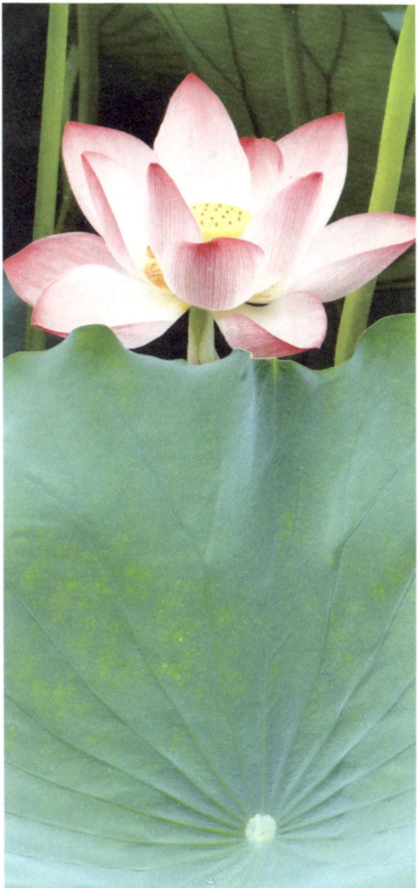

眼高手低

处事要大处着眼,小处着手。千万不能说我只想做大事,小事就一概不管;假如小事都做不好,还能做大事吗?连一锅稀饭都煮不好,却说要救天下国家,那不是吹大牛吗?

现在的年轻人常常落入一种幻想,光想做大事,但又不脚踏实地地去干。尤其是搞哲学、佛学的青年人,一开始就要度众生。我常对他们说,先把自己度好了再说吧!只怕你不成佛,不怕没有众生度。"朴"是个小点,不要轻视这个小点,因为它的关系非常的大。要做一件大事业,如果小的地方不注意,可能就危及大局了。

——《老子他说(初续合集)》

不肯平常

079

什么是佛？心即是佛；什么是道？平常心就是道；就这么简单。一切众生何以不能明白？因为不肯平常。一个真正了不起的人，一定是很平凡的。真正的平凡，才是真正的伟大。一般人学佛修道何以不能成就呢？只因不肯平常。各位看看学佛的人好忙哦！这里拜佛，那里听经；又是供养，又是磕头；又是放生，又是捐款；忙得连自己家人都不顾。结果，什么都没有，当然没有，因为太忙了，太不平常了。

——《圆觉经略说》

天下事
岂能尽遂人意

必须切记"天下事，岂能尽遂人意"！"十有九输天下事，百无一可意中人"。这点，居家处世，应作咒语牢记才好。认真是好德行，但对出世法认真才好，对世法认真必落轮回。

——《怀师的四十三封信》

好色 ◀081

依据性心理学的看法，有过分的精力，就有杰出的事业。因此英雄、豪杰、才子，几乎各个行为不检，都是孔子所讲的"未见好德如好色者也"。然而孔子所要求的真正圣人的境界，这是非常难的事，一般心理状况，凡是了不起的人，多半精力充沛，所以难免要走上女色这条路子。这是我们就这一点，对历史的看法。

扩而充之，好色不但是指男女之间的事，凡是物质方面的贪欲，都可以用"色"字来代表。凡是做一个领导人，不但是好色，任何一种嗜好，都会给人乘虚而入的机会，因而影响到事业的失败。

——《论语别裁》

不懂保密

◀ 082

当祸乱开始要来的时候,是"言语以为阶",是你自己先讲出来的。我们中国的一句老话是"病从口入,祸从口出"。孔子说,很多事情的失败,都是你不懂保密而失败的。古人说话,不但要对自己负责,也要对历史负责,要对千秋万世的后代子孙负责。这种精神只有中国文化里边有。任何事情在没有成功之前,都要慎密。我们平常说某人喜怒不形于色,也就是深藏不露,很有涵养,像刘备一样,喜怒不形于色,才真是厉害的角色。

——《易经系传别讲》

玩弄聪明手段

玩聪明玩手段,没有一个不失败的,最后都是失败。真正唯一的手段只有老实、规矩、诚恳;假使你把这个当作手段,那最后成功是归于你这个老实的人了。这是我们几十年人生的经历所得到的结论。历史上看到玩聪明的人,像花开一样,一时非常的荣耀,光明灿烂,很快的那个花凋萎了,变成灰尘。

——《孟子旁通》(下·离娄篇)

人生三道坎

孔子讲人生三个阶段,所谓"少年戒之在色",青少年的阶段,男女关系最重要,所以孔子说要戒,戒并不是叫你不要做,而是要知道卫生和节制。

什么是"中年戒之在斗"呢?例如要想做官发财啊!求功名富贵啊!要出人头地啊!跟人赌气等等,这些是争强好胜的心态,都叫作斗。所以要看得清楚,能放得下,太固执了会容易得绝症。

什么叫"老年戒之在得"?一个人越到老年越顽固,对于自心万物都抓得越厉害,不肯放手,这是第六意识抓得很紧,所以老年人"戒之在得"。

——《廿一世纪初的前言后语》

南台静坐一炉香　竟日凝然万虑忘
不是息心除妄想　只缘无事可思量
乙亥腊月　大乘学舍
南怀瑾

忌满

生命的原则若是合乎"动之徐生",那将很好。任何事情,任何行为,能慢一步蛮好的。我们的寿命,欲想保持长久,在年纪大的人来说,就不能过"盈"过"满"。对那些年老的朋友,我常告诉他们,应该少讲究一点营养,"保此道者不欲盈",凡事做到九分半就已差不多了。该适可而止,非要百分之百,或者过了头,那么保证你适得其反。

——《老子他说(初续合集)》

过度浪费

◀086

中国文化有个重点先告诉大家，中国人的经济思想哲学是"勤俭"两个字，也就是要勤劳节省。我们现在整个的社会发展太过奢侈，刚好违反这两个字，这是非常严重的！

中国文化讲经济有几千年的历史，不管是孔孟之道，还是诸子百家，都是讲勤劳节俭的。譬如《大学》里说"生之者众，用之者寡"，这是经济的大原则，生产的要多，用的要少。老子也讲，吾有三宝："曰慈"，仁爱爱人；"曰俭"，勤劳节俭，俭省不是小气哦；"曰不敢为天下先"，绝不成为开时代坏风气的先驱。

我刚才讲到，我穿的衣服都几十年了，至少看上去还干净整齐。你们现在的穿戴都非常浪费，然后有钱都消费在吃喝玩乐、声色犬马、烟酒嫖赌上面,这是一个国家的什么国民呀?!

——《廿一世纪初的前言后语》

沉迷爱好

一旦意识到自己对什么事情沉迷上瘾的时候,要实时甩掉,决不受它拖累。当年我下工夫练字,有老前辈看了夸我将来一定成为名家。我听了从此不练字,不要成了书法家反而被这竹管子、黑墨困住了。当年于右任一天到晚为人家写字,真是辛苦,就为了"书法家"这三个字,我才不上这个当呢!

但是这些你说不会也不行,要样样会,又样样解脱丢得掉,这才是佛法。样样不会,然后说自己是学空的,那是莫名其妙。

——《维摩诘的花雨满天》

交友三忌

交朋友之道,人与人之间相交,第一要"不挟长",不以自己的长处,去看别人的短处。例如学艺术的人,见人穿件衣服不好看,就烦了;读书的人,觉得不读书的人没有意思;练武功的人,认为文弱书生没有道理,这都是"挟长",也就是以自己的长处为尺度,去衡量别人,这样就不好。

第二"不挟贵",自己有地位,或有钱,或有名气,因此看见别人时,总是把人看得低一点,这也不是交友之道。

第三"不挟兄弟而友",就是说朋友就是朋友,友道有一个限度,对朋友的要求,不可如兄弟一样,换言之,不过分要求。

——《孟子旁通》(上·万章篇)

过分糟蹋就有罪了

我们小的时候受的教育,吃饭的时候,一颗米饭掉在地下,祖母在上面,眼睛就看着你:"捡起来,吃了!"我们就把饭从地上拿起来吃了,我们那个地还是泥地呢!天地生万物给你,是给你吃给你用,你过分糟蹋了,就有罪了,这叫暴殄天物。他说,货品、万物,"货恶其弃于地也",不要浪费了;"不必藏于己",不是个人占有,是大家公有。这是几千年前,最初的经济思想。

——《南怀瑾演讲录:2004—2006》

看得破，却忍不过

掩过饰非

据心理学的研究,人对于自己的过错,很容易发现。每个人自己做错了事,说错了话,自己晓得不晓得呢?绝对晓得,但是人类有个毛病,尤其不是真有修养的人,对这个毛病改不过来。

这毛病就是明明知道自己错了,第二秒钟就找出很多理由来,支持自己的错误完全是对的,越想自己越没有错,尤其是事业稍有成就的人,这个毛病一犯,是毫无办法的。

所以过错一经发现后,就要勇于改过,才是真学问、真道德。

——《论语别裁》

贪图享受
万事不管

◀ 091

　　功德是在行上来的,不是在打坐;打坐本来在享受嘛!两腿一盘,眼睛一闭,万事不管,天地间还有什么比这个更享受?这是绝对的自私自利。但是话又说回来,打坐不需要吗?需要啊!那是先训练你自己的起心动念,或者空掉念头,或者克制念头,或者为善去恶的训练。

　　学佛注重在行,不在枯坐。天天在家里坐,坐一万年也坐不出个道理来啊!光打坐可以成佛?那外面的石狮子坐在那里风雨无阻地动都不动,坐了二三十年不是得道啦?行不到没有用啊!千万注意。

——《药师经的济世观》

悭吝

悭吝表现出来的行为与节俭差不多,但有所不同。例如以儒家道理来说,我们对朋友、亲戚、父母、兄弟子女等人,乃至对社会上其他不相干的人,舍不得帮助,就是悭吝,而不是节俭;对自己要求非常节俭、舍不得,则是节俭,不是悭吝。吝是一个人对任何东西都舍不得,抓得很紧,这还属于比较浅的一层,再深一层就是悭了,内心非常坚固的吝是悭。

内心悭吝是怎么来的?要仔细反省,尤其大家学佛学禅,处处要观心,观察自己做人做事的起心动念,悭吝是从自我来的,因为一切都是我第一。比方我原来坐在一个凉快的地方,来了一个胖子,天气热得不得了,想在边上坐一坐凉快凉快,我故意不动,甚至把屁股移过去多占一点位置。连这一点凉爽的风都不愿意让给别人,不让人家占一点利益,这是悭吝,自我在作祟。

——《药师经的济世观》

染缘易就
道业难成

"惟精惟一",这是本身内在修养的工夫了,你心念不要乱,万事要很精到。这个精字解释起来很难,你看到的是精神的精,但什么叫精?我们小的时候读书,同学们讲笑话,什么是精啊?吃了饭就精嘛,为什么?青字旁边一个米嘛,饭吃饱了就精了,这是小时候我们同学讲的笑话,因为精字很难解释。我们都晓得精细,这个讲起来容易明白,"惟精惟一",修养方面是唯一,心性自己要专一,要是有一点不小心,我们这个心性就容易向恶、向坏的路上走。后来佛学传过来,古代禅师也有两句话,"染缘易就,道业难成",社会的环境、外界物质的诱惑,容易把我们自己清明自在的心性染污了,一个人学坏很容易,就是"染缘易就"。"道业难成",自己回过来想求到"惟精惟一"这个修道的境界,很难成功,太难了。这是借用佛学的话,解释我们自己上古传统文化的"惟精惟一"。

——《廿一世纪初的前言后语》

自我清理指南

看得破，忍不过
想得到，做不来

　　历史上有许多人是见义不为，对许多事情，明明知道应该做，多半推说没有办法而不敢做。我们做人也是这样，"看得破，忍不过。想得到，做不来"。譬如抽香烟，明明知道这个嗜好的一切害处，是不应该抽，这是"看得破"，但口袋里总是放一包香烟——"忍不过"。对于许多事，理论上认为都对，做起来就认为体力不行了，这就是"想得到，做不来"。对个人的前途这样，对天下事也是这样。这是一个重要问题，所以为政就是一种牺牲，要智、仁、勇齐备，看到该做的就去做，打算把这条命都付出去了。尽忠义，要见义勇为。

——《论语别裁》

亡德而富贵 ◀ 095

"亡德而富贵谓之不幸",这句话最重要。人生自己没有建立自己的品德行为,而得了富贵,这是最不幸的。

——《南怀瑾讲演录:2004—2006》

小人闲居为不善　　◀ 096

古人诗曰："人非有品不能闲"，这个品不是人品，是说没有超越"了脱"境界的话，是闲不下来的，闲下来会痛苦的。孔子说："小人闲居为不善"，一个人闲居久了不是好事。所以有时我会劝一些年纪大的朋友不要退休，能够赖就赖，多拖一下。我看有的人做了几十年事，一退休下来就垮了，开始生病，精神不好，很快就真退休了。为什么？就是"人非有品不能闲"。

——《维摩诘的花雨满天》

假人与真人

"古之真人不逆寡,不雄成,不谟士。"人会打主意,真人不会;人会自己觉得了不起,真人不会;人贪多无厌,不好的地方不愿意去,钱少了不干,或者你看不起我,我就生气,这些都是逆寡;真人不逆寡。这三句话,现在的心理学发挥起来,就有三本大书了,古代很简单,三点而已。

——《庄子諵譁》

目空一切
终归失败

古人说:"如临深渊,如履薄冰",正是这个意思。做人处事,必须要小心谨慎战战兢兢的。虽然"艺高人胆大",本事高超的人,看天下事,都觉得很容易。例如说,拿破仑的字典里没有"难"字。事实上,正因为拿破仑目空一切,终归失败。如果是智慧平常的人,反而不会把任何事情看得太简单,不敢掉以轻心;而且对待每一个人,都当作比自己高明,不敢贡高我慢。

——《老子他说(初续合集)》

自我清理指南

嘴巴的四种业　　◀ 099

嘴巴最厉害，有四种业：妄语、恶口、绮语、两舌。什么是"妄语"？就是说假话欺骗人。尤其现在做生意或是搞政治的，喜欢搞宣传打广告，以多报少，在市场上欺骗人，这是妄语，这个恶报很大的。"恶口"就是骂人，比如"他妈的"，各种各样的骂法，叫作恶口，对人没有慈悲、亲爱的口吻。"两舌"，我们经常犯这个毛病，对老张讲老王坏，对老王讲老张不对，古人有两句话："谁人背后无人说，哪个人前不说人。"每个人背后都有人讲，当面说人好话，转过身来，嘴巴一歪，就告诉别人这个家伙多坏多不对，人最容易犯这两舌的口过。"绮语"不单指黄色笑话，无聊的话、过分的话说多了，也是犯了"绮语"。我们检讨自己，一天说正经的话有几句？其他都是无聊的话,而且有些人不说无聊话还不能过日子呢!这四种是口的罪过,把这四种错误改正过来,就是口业的善德。

——《廿一世纪初的前言后语》

一天不应酬
就感觉无聊了

◀ 100

你一天八个钟头办公,一个公务员一天两次应酬,三套吃饭,你哪有时间办事啊?不但没有时间办事情,更没有时间读书!

以前不同的,你不要看旧文化,推翻清朝以前,做官的人,你看唱京戏就知道,那个做官的回家,太太出来,"老爷,请!""夫人,请!"然后夫人叫丫环,陪老爷到书房去读书,不回自己的房间。古人说,一天不读书,就俗气了;现在的人啊,一天不应酬,就觉到无聊了。所谓应酬,就是吃饭,卡拉OK,吹牛,烟,酒,赌,嫖。

——《南怀瑾演讲录:2004-2006》

贪恋清净

◀ 101

贪,三毒之一,如果一个人说他能万缘放下,只喜欢清净,那也是贪喔!贪恋清净也是贪,贪恋空也是贪。所以菩提道的究竟,连空也要彻底毕竟空。清净与空还要放下,否则虽然放下万缘,住在清净、空的境界上,也算贪恋。大家喜欢打坐,修清净的定,目前尚未得定;就算得了定,如果贪图定的境界,则是犯了菩萨戒。为什么呢?因为贪恋禅定境界不会起慈悲心,不会牺牲自我而利他,慈悲利生做不到,因此犯菩萨戒。

——《药师经的济世观》

是非太明
瞋心种性

◀ 102

　　我们偶而有一点不高兴的心理似乎没有什么了不起，在修行来讲，对人对事有一点不高兴，就已经犯了瞋戒。瞋的心理行为有很多，微细的较难察觉。

　　譬如一个好人讨厌一个坏人，这是天经地义的事嘛！然而这个起厌恶的心，就是瞋恨心。这在人道行为来看，不能说有多大的错误，但也不能说完全没有过错，因为不高兴的心理绝对是厌恶的、瞋恨的。但是在菩萨道看这个坏人，却是怜悯的、慈悲的，等于我们看到自己最疼爱的儿女做坏事一样，虽然也愤怒，也打骂，然而当父母打孩子，往往一边打，一边流眼泪，那等于是菩萨的行为，内心没有真正的瞋恨。如果没有这种父母的心肠则不然，是非太明，善恶太清，已经是瞋心的种性。

——《药师经的济世观》

得意到极点
就很危险

"欲不可纵,志不可满。"这八个字把政治、教育、社会,乃至个人的修养都讲完了。教育并不是否认欲望,而在于如何设法不放纵自己的欲望,"志"是情感与思想的综合,人的情绪不可以自满,人得意到极点,就很危险。历史上可以看到,一个人功业到了顶点以后,往往会大失败。所以一个人总要留一点有余不尽之意。试看曾国藩,后来慈禧太后对他那么信任,几乎有副皇帝的味道,而曾国藩却害怕了,所以把自己的房子,命名为"求阙斋",一切太圆满了不好,要保留缺陷。

——《历史的经验(增订本)》

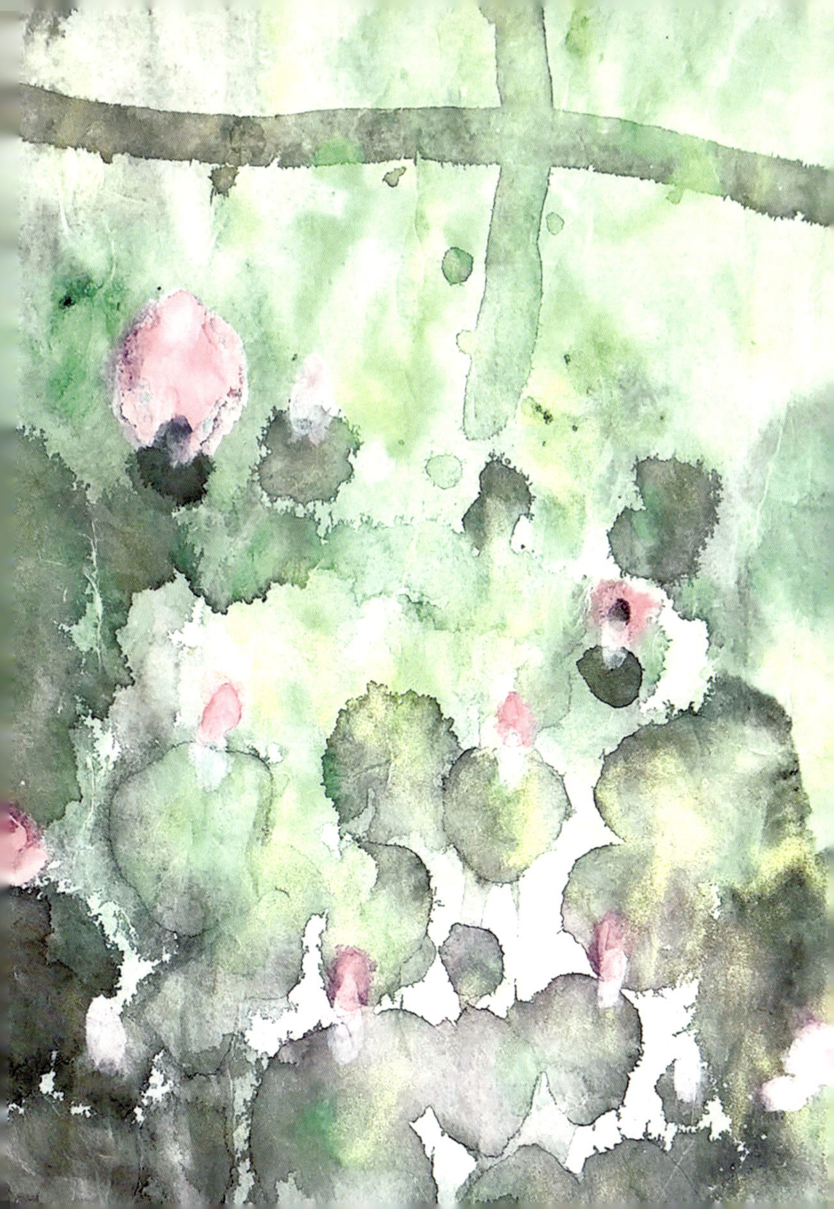

以小害大

"无以小害大",人往往很容易只看小地方,害了大体。在机关、团体之中,人往往为了小地方而使团体受害。在一个团体中,一些人看看这也不对,那也不对,小的地方看得非常精明,对整个团体的大事就糊涂了。所以世界上大英雄少,有大智慧的人少,眼光远大的人少。

——《孟子旁通》(下·告子篇)

以能问于不能　　◀ 105

曾子提出他同学颜回的美德："以能问于不能"。凡是所谓天才、聪明有才具的人，容易犯一个错误——慢，就是很自满，不肯向人请教。而颜回虽然高人一等，却唯恐自己懂得不多，唯恐自己没有看清楚，还要向不如自己的人请教一番。

这也是诸葛亮之所以成功的条件，他的名言"集思广益"，就是善于集中人家的学问思想，增加自己的知识见解。对自己非常有利益。这也就是以能问于不能的道理。但是有才具的人，往往不肯向人请教，尤其是不肯向不如自己的人请教。

——《论语别裁》

言者，风波也　　◂ 106

"言者，风波也"，一个人讲话要特别注意，有时一句话是两面刀，害自己也害别人。"一言可以兴邦，一言可以丧邦"，你以为自己会玩主意，会用嘴巴，倒楣统统是自己玩嘴巴玩出来的。所以佛家讲口业之重要，庄子这里已经明白地告诉你了。有人说犯了口过会下地狱，下地狱谁看到了？其实现生就可以看到了。话讲不对马上就起风波，不要等到下地狱，儒家道家都现身说法。"行者"，这个行为，"实丧也"，这个行动错了，结果不对，立刻就出问题，马上有果报的。

"夫风波易以动"，风一来，平静的水面就起了波浪，所以叫风波。一句话说不对，人与人之间就出问题，有时候就是因为领导人的一句话,就引起了世界大战。

——《庄子諵譁》